2022

中国奶业质量报告

中国奶业协会
农业农村部奶及奶制品质量监督检验测试中心（北京） 编

中国农业科学技术出版社

图书在版编目（CIP）数据

中国奶业质量报告. 2022 / 中国奶业协会，农业农村部奶及奶制品质量监督检验测试中心（北京）编. --北京：中国农业科学技术出版社，2022. 8
ISBN 978-7-5116-5833-3

Ⅰ. ①中… Ⅱ. ①中… ②农… Ⅲ. ①乳品工业－质量管理－研究报告－中国－2022 Ⅳ. ①F426.82

中国版本图书馆CIP数据核字（2022）第 129047 号

责任编辑 金 迪
责任校对 李向荣
责任印制 姜义伟 王思文

出 版 者 中国农业科学技术出版社
北京市中关村南大街 12 号 邮编：100081
电 话 （010）82106625（编辑室） （010）82109702（发行部）
（010）82109709（读者服务部）
网 址 http: // www.castp.cn
经 销 者 各地新华书店
印 刷 者 北京地大彩印有限公司
开 本 210 mm × 285 mm 1/16
印 张 3
字 数 50 千字
版 次 2022 年 8 月第 1 版 2022 年 8 月第 1 次印刷
定 价 98.00 元

中国奶业质量报告（2022）

编 委 会

编写人员

主　编： 刘亚清　王加启

副主编： 邓兴照　卫　琳　郑　楠　刘慧敏　郭利亚

编　者： 孙永健　李竞前　王斐然　张　超　黄京平　单吉浩　叶　丰　曹志军　张养东　郝欣雨　曹　正　常　硕

奶业是健康中国、强壮民族不可或缺的产业。党中央、国务院高度重视奶业发展和乳品质量安全，习近平总书记多次作出重要指示批示。2021年中央一号文件要求“继续实施奶业振兴行动”，2022年中央一号文件明确提出加快扩大奶业生产。

2021年，我国奶业生产能力继续提升，产业综合素质持续增强，质量安全水平高位再提升。全年奶类产量3 778.1万吨、乳制品产量3 031.7万吨，比上年分别增长7.0%、9.4%；荷斯坦奶牛年均单产8.7吨，生鲜乳、乳制品抽检合格率分别达到99.90%、99.87%，乳脂肪、乳蛋白和菌落总数的抽检平均值分别为3.83 g/100 g、3.32 g/100 g和21.4万CFU/mL，均高于《食品安全国家标准　生乳》（GB 19301—2010）要求水平。体细胞数抽检平均值24.9万个/mL，优于欧盟标准要求。三聚氰胺等违禁添加物抽检合格率连续多年保持100%。

2022年以来，农业农村部印发《“十四五”奶业竞争力提升行动方案》，启动实施奶业生产能力提升整县推进项目，对标对表奶业全面振兴要求，巩固提升奶源供给能力、优化乳品结构、提高乳品品质、完善产业组织形式，提升产业竞争力，促进奶业高质量发展。

《中国奶业质量报告（2022）》通过发布权威数据，分析奶业新形势、新动向，客观展示我国奶业振兴发展成效，增强广大消费者对国产乳制品的消费信心。

本报告得到了农业农村部、工业和信息化部、商务部、国家卫生健康委员会、海关总署、国家市场监督管理总局等有关部门，以及中国农业科学院、全国畜牧总站、国家奶牛产业技术体系的大力支持，在此一并表示诚挚的谢意！

中国奶业协会

农业农村部奶及奶制品质量监督检验测试中心（北京）

2022 年 8 月

目录

一、中国奶业质量安全概要

2021 年，我国奶业发展形势稳步向好，生产继续增长，规模化养殖比例进一步提升，技术创新稳步加快，产业素质稳步提升，乳品质量持续保持较高水平，国产品牌美誉度和国际竞争力逐步增强。

（一）乳品产量稳步提升

2021 年，中国奶类产量 3 778.1 万吨，比上年增长 7.0%；乳制品产量 3 031.7 万吨，比上年增长 9.4%，是近三年产量增长最快的一年。

（二）乳品质量持续提升

2021 年，生鲜乳抽检合格率 99.9%，与上年持平；三聚氰胺等重点监测违禁添加物抽检合格率连续 13 年保持 100%。乳制品总体抽检合格率 99.87%，婴幼儿配方乳粉抽检合格率 99.88%。生鲜乳、乳制品抽检合格率在食品行业中长期保持前列。

（三）奶业产业素质加快提升

2021 年，中国奶业转型升级步伐进一步加快，存栏 100 头以上规模化养殖比例达到 70.0%，比上年提高 2.8 个百分点。荷斯坦奶牛单产水平进一步提高，达到 8.7 吨，比上年增长 0.4 吨。规模化牧场 100% 实现机械化挤奶、95% 以上配备全混合日粮（TMR）搅拌车。

（四）质量安全监管工作成效明显

连续 13 年组织实施全国生鲜乳质量安全监测计划，监测范围覆盖所有奶站和运输车，落实“确保婴幼儿配方乳粉奶源安全六项措施”，强化婴幼儿配方乳粉奶源监管。2021 年，累计抽检生鲜乳样品 1.02 万批次，现场检查奶站 0.49 万个（次）、运输车 0.48 万辆（次）。严格进口乳制品监管，未准入境乳制品 93 批次，已全部按要求在口岸退运或销毁。

专栏一

立足大循环、促进双循环，推进奶业高质量发展

2021 年 7 月 18 日，2021 中国奶业 20 强（D20）峰会在安徽省合肥市召开。农业农村部副部长马有祥出席峰会并作主旨报告。

会议指出，党中央、国务院高度重视奶业发展。我们认真贯彻党中央、国务院的决策部署，会同有关部门强政策、严监管、练内功，全行业齐心协力，全力以赴提质量、保供给、促振兴。经过不懈努力，我国奶业实现了脱胎换骨的发展，无论是奶牛生产性能、乳品加工技术装备，还是质量安全保障水平，都进入了世界先进行列。

会议强调，“十四五”期间要按照“保供固安全，振兴畅循环”的工作定位，深化奶业供给侧结构性改革，不断提高质量效益和竞争力，推动奶业振兴发展再上新台阶。

二、中国奶业生产与消费

(一)奶牛养殖

1. 奶类产量

2021 年，中国奶类产量 3 778.1 万吨，比上年增长 7.0%(图 2-1)。其中，牛奶产量 3 682.7 万吨，比上年增长 7.1%；羊奶等其他奶类产量 95.4 万吨，比上年增长 5.6%。奶类产量排名世界第四位，占全球总产量的 4.1%。

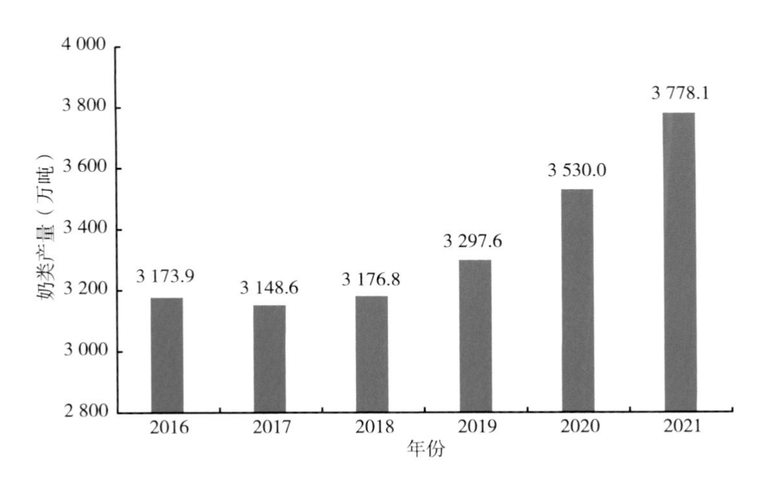

图 2-1　2016—2021 年中国奶类产量

（数据来源：国家统计局）

2. 规模化养殖水平

2021 年，中国奶牛场（户）均存栏奶牛 269 头，比上年增加 60 头，增幅 28.7%；规模化养殖进程进一步加快，100 头以上规模化养殖比例为 70.0%，比上年提高 2.8 个百分点（图 2-2）。

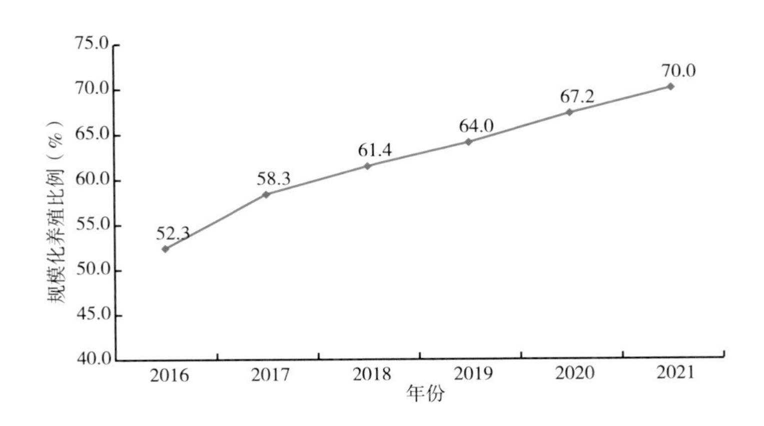

图 2-2　2016—2021 年中国奶牛 100 头以上规模化养殖比例变化

（数据来源：农业农村部）

3. 奶牛单产水平

2021 年，全国荷斯坦奶牛平均单产 8.7 吨，比上年增长 0.4 吨。其中，规模化牧场奶牛单产水平普遍达到 10 吨以上。据 1 309 个百头以上规模化牧场奶牛生产性能测定数据显示，奶牛日均产奶量 33.2 kg，305 天产奶量达到 10.2 吨（表 2-1）。

表2-1　2016—2021年规模化牧场奶牛平均单产

年度	参测牛只（万头）	日产奶量（kg/天）
2016	100.5	28.1
2017	120.2	29.0
2018	123.8	30.0
2019	127.5	31.2
2020	129.5	32.4
2021	147.9	33.2

数据来源：中国奶业协会。

4. 生鲜乳价格

2021 年，河北、山西、内蒙古、辽宁、黑龙江、山东、河南、陕西、宁夏、新疆等 10 个奶业主产省（区）年均生鲜乳收购价为 4.29 元 /kg，比上年上涨 13.2%，为 2016 年以来的最高水平（图 2-3）。

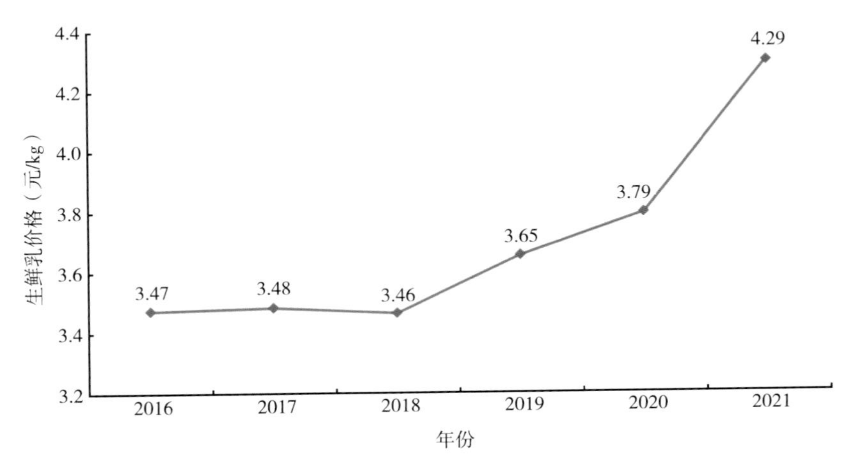

图 2-3　2016—2021 年奶业主产省（区）生鲜乳平均价格趋势

（数据来源：农业农村部）

（二）乳制品加工

1. 乳制品产量

2021 年，中国规模以上乳制品加工企业（年主营业务收入 2 000 万元以上，下同）乳制品产量达到 3 031.7 万吨，比上年增长 9.4%。其中，液态奶产量 2 843.0 万吨，比上年增长 9.7%；干乳制品产量 188.7 万吨，比上年增长 4.3%；乳粉产量 97.9 万吨，比上年下降 3.2%（图 2-4）。

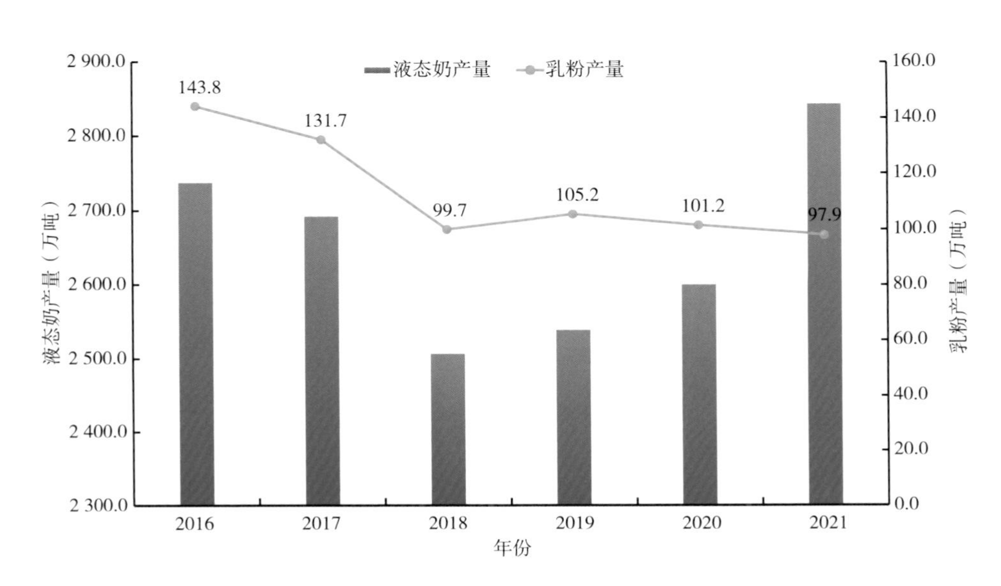

图 2-4　2016—2021 年中国乳制品产量变化

（数据来源：国家统计局）

2. 乳制品加工业集中度

2021 年，中国规模以上乳制品加工企业 589 家，比上年增加 17 家。

3. 乳制品价格

2021 年，中国牛奶平均零售价为 12.6 元 /kg，比上年上涨 3.3%；酸奶平均零售价为 16.0 元 /kg，比上年上涨 3.9%；国产品牌婴幼儿配方乳粉平均零售价为 214.0 元 /kg，比上年上涨 5.4%。

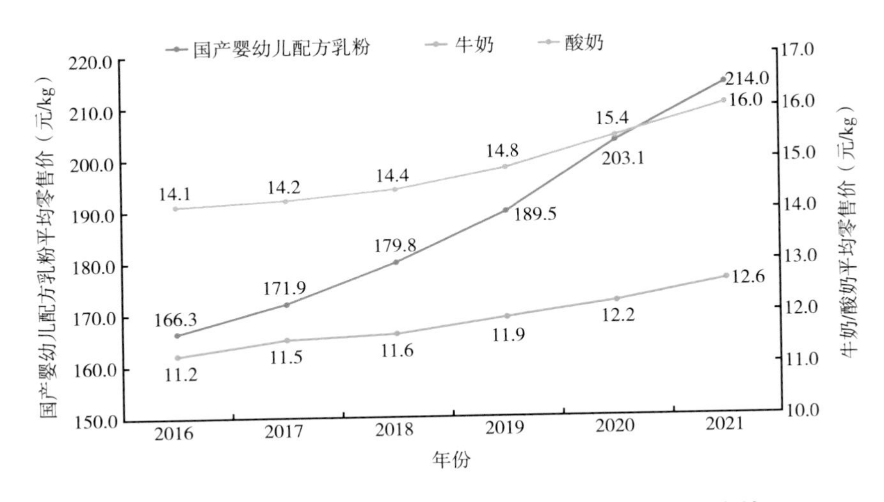

图 2-5　2016—2021 年国产乳制品平均零售价格

（数据来源：商务部）

4. 乳制品销售额和利润

2021 年，中国规模以上乳制品加工企业主营业务收入 4 687.4 亿元，比上年增长 11.7%；总利润 375.8 亿元，比上年减少 4.8%（图 2-6）。

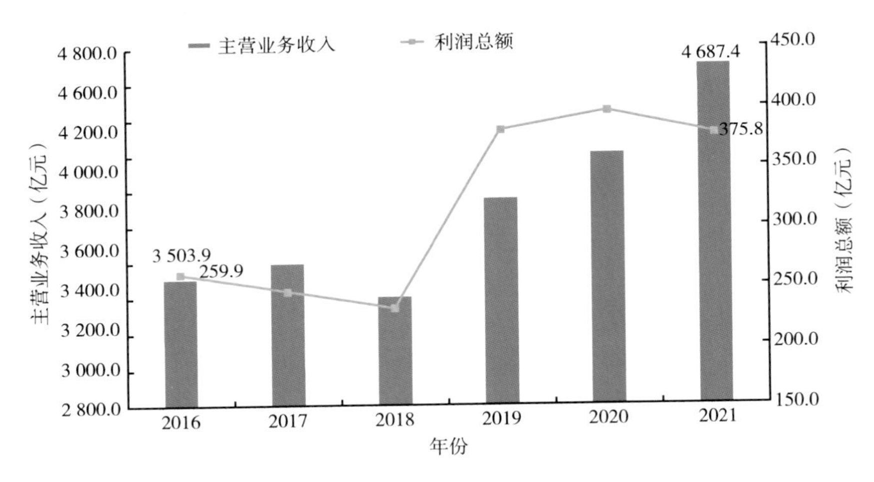

图 2-6　2016—2021 年中国乳制品加工企业主营业务收入和利润情况

（数据来源：国家统计局）

（三）乳制品及相关产品进出口

1. 乳制品进口

2021 年，中国乳制品进口量 394.82 万吨，比上年增长 18.5%（图 2-7），折合生鲜乳 2 251 万吨，比上年增长 17.6%。其中，干乳制品进口 265.12 万吨，比上年增长 17.4%；液态奶进口 129.61 万吨，比上年增长 20.8%。总进口额 138.25 亿美元，比上年增长 13.9%。其中，干乳制品、液态奶进口额分别为 119.56 亿美元、18.69 亿美元，比上年分别增长 11.0% 和 36.7%。

从进口来源国看，2021 年乳制品进口量前六位的国家依次是新西兰、德国、美国、澳大利亚、法国、波兰，进口量分别是 151.67 万吨、51.55 万吨、35.76 万吨、27.57 万吨、21.44 万吨、20.52 万吨，分别占总进口量的 38.9%、13.1%、9.1%、7.0%、5.4%、5.2%。其他国家共 83.31 万吨，占 21.4%（图 2-8）。

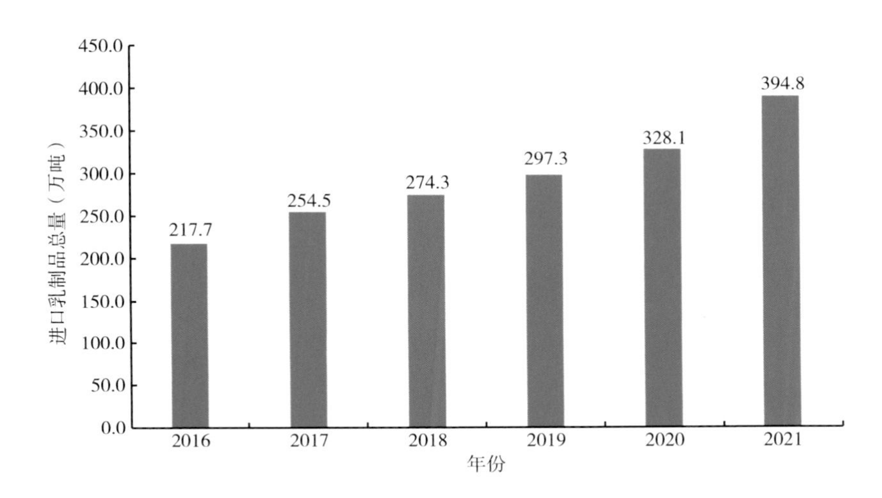

图 2-7　2016—2021 年中国进口乳制品数量

（数据来源：海关总署）

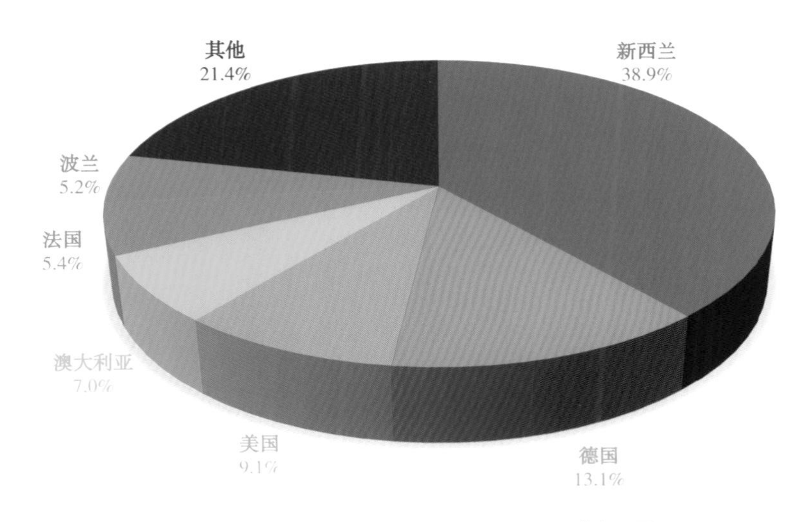

图 2-8　2021 年中国进口乳制品来源国

（数据来源：海关总署）

2. 奶牛和苜蓿进口

据农业农村部统计，2021 年共审批种用奶牛进口 8.59 万头，比上年的 9.38 万头下降 8.4%。

2021 年，据行业测算，进口苜蓿干草 177.9 万吨，比上年增长 31.0%（图 2-9）；平均进口价格 382.0 美元 / 吨，比上年上涨 5.7%，近三年呈持续增长趋势。苜蓿干草进口主要来源于美国，占总进口量的 80.6%；其次为西班牙和南非，分别占总进口量的 12.8% 和 2.9%。

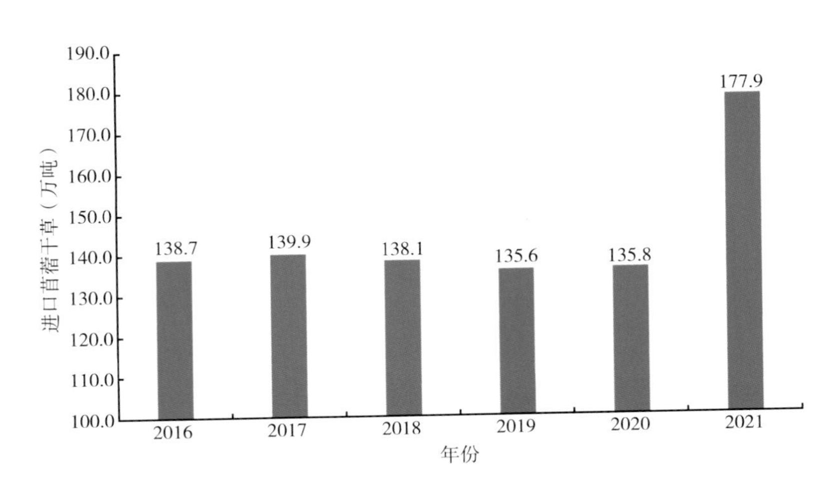

图 2-9　2016—2021 年中国进口苜蓿干草数量

（数据来源：海关总署）

3. 乳制品出口

2021 年，中国乳制品出口量 4.52 万吨，比上年增长 3.1%；其中，婴幼儿配方乳粉出口量 0.85 万吨，增长 25.9%。乳制品出口额 3.06 亿美元，比上年增长 36.32%。

（四）乳制品消费

2021 年，中国人均乳制品消费量折合生鲜乳为 42.6 kg，约为世界平均水平的 1/3。消费结构以液态奶为主，近年来奶酪消费快速增加，2021 年人均奶酪消费量 0.37 kg，但仍显著低于美国人均 17.40 kg 和欧盟人均 18.29 kg 的水平。

专栏二

以新发展理念为指导，扎实推进奶业全面振兴

2021 年 7 月 17—19 日，第十二届中国奶业大会暨 2021 中国奶业展览会在安徽省合肥市隆重召开。农业农村部副部长马有祥出席大会并讲话，原农业部常务副部长刘成果、原农业部副部长高鸿宾出席大会并为“十三五奶业成就展”揭幕。

会议指出，“十三五”时期，在党中央、国务院的高度重视下，在行业主管部门的大力支持下，在奶业同仁的拼搏进取下，中国奶业转型升级加快，生鲜乳生产能力、乳制品消费水平显著提升，乳品质量安全水平位于食品行业前列。

会议强调，站在新的历史起点，要深入贯彻新发展理念，加快构建新发展格局，推进奶业高质量发展。

三、中国乳品质量安全

（一）奶牛养殖卫生安全

奶牛养殖环境和卫生条件是保障生鲜乳质量安全的基本要求。2021 年，行业继续规范奶牛场选址与建设，提升奶牛场装备设施，保障饲草料供应，强化生鲜乳储运及生鲜乳收购站管理，不断改善奶牛养殖环境和卫生条件。

1. 奶牛场建设

2021 年，100 头以上的规模化奶牛养殖场 6 725 个，比上年减少 2.5%。规模化奶牛养殖场严格按照《中华人民共和国畜牧法》等法律法规的规定，执行《奶牛标准化规模养殖生产技术示范》，加强动物防疫和生鲜乳质量安全管理，实现了标准化、规范化建设与生产。

2. 奶牛场设施装备

近年来，奶牛场的机械化、信息化、智能化装备和关键技术推广应用加快，质量安全保障能力进一步加强。自 2017 年起，中国规模化奶牛养殖场 100% 实现机械化挤奶，2021 年，超过 95% 的规模化奶牛养殖场配备了全混合日粮（TMR）搅拌车。

3. 优质饲草料供应

苜蓿和青贮玉米是奶牛的主要粗饲料。2021 年，中国优质苜蓿[①]种植面积超过 730 万亩（15 亩 =1 hm^2，全书同），产量为 350 万吨，比 2012 年增加 301.1 万吨，可满足 336 万头泌乳牛的饲喂需求（图 3-1）。

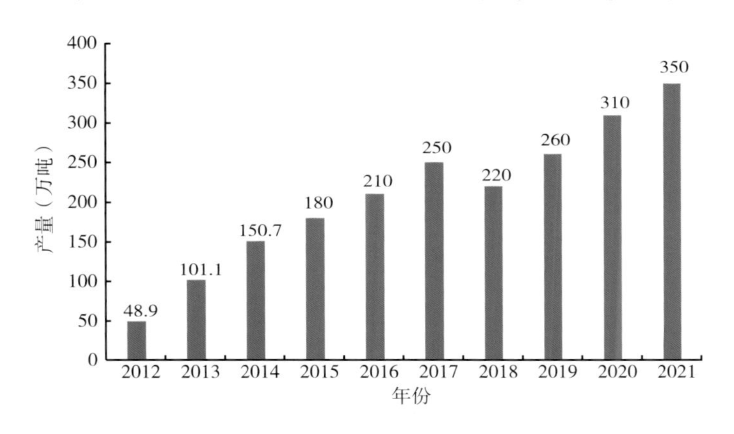

图 3-1　2012—2021 年中国优质苜蓿产量

（数据来源：农业农村部）

① 符合《苜蓿干草捆质量标准》（NY/T 1170—2006）的二级及以上标准的苜蓿。

4. 生鲜乳收购站和运输车

严格落实生鲜乳收购站发证六项规定，全面执行《生鲜乳收购站标准化管理技术规范》，生鲜乳收购站的基础设施、机械设备、质量检测、操作规范、管理制度和卫生条件显著提升。全面启用奶业监管平台，对全国4 200余个生鲜乳收购站和5 300余辆运输车进行信息化管理，保障生鲜乳质量安全。

（二）生鲜乳质量安全

生鲜乳质量安全指标中，乳脂肪、乳蛋白是反映牛奶营养品质的重要指标；非脂乳固体是生鲜乳中除脂肪和水分外营养物质的总称；杂质度是指生鲜乳中含有杂质的量，是衡量生鲜乳洁净度的重要指标；酸度是评价生鲜乳新鲜程度的指标；相对密度是反映生鲜乳是否掺水的重要指标。

菌落总数是反映奶牛场卫生环境、挤奶操作环境、牛奶保存和运输状况的一项重要指标。生鲜乳中菌落总数过高，不仅会影响牛奶的口感，还可能使乳制品中的细菌数超标，从而对人体健康造成影响。体细胞数是衡量奶牛乳房健康状况和生鲜乳质量的一项重要指标。黄曲霉素 M_1 是反映生鲜乳卫生状况的主要指标，铬、汞、砷、铅是判断生鲜乳是否受到重金属污染的主要指标，三聚氰胺是判断生鲜乳中是否存在人为添加违禁物的指标。

2009年以来，农业农村部持续实施生鲜乳质量安全监测计划，重点监测生鲜乳收购站和运输车，检测指标包括乳脂肪、乳蛋白、杂质度、酸度、相对密度、非脂乳固体、菌落总数、黄曲霉素 M_1、体细胞数、铬、汞、砷、铅和三聚氰胺等多项指标，累计抽检生鲜乳样品约25.5万批次，其中，2021年抽检1.02万批次（图3-2）。

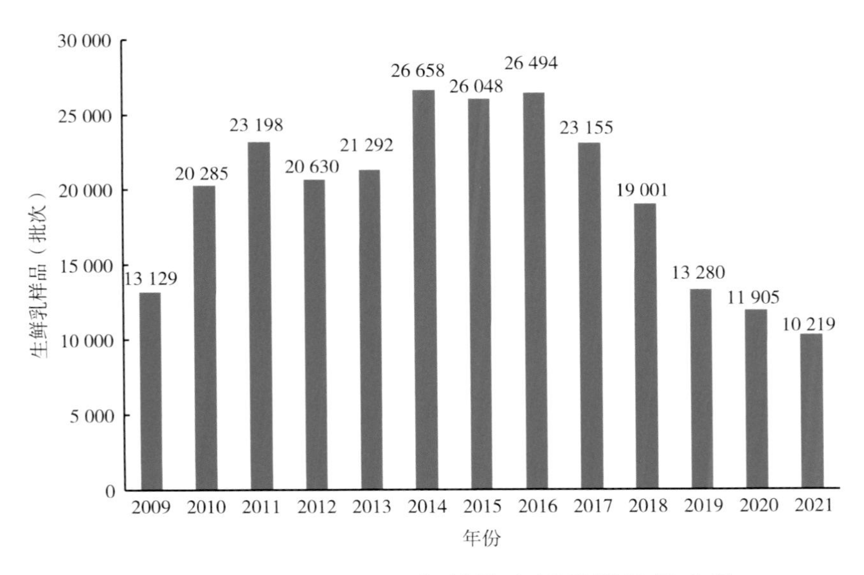

图 3-2　2009—2021 年抽检生鲜乳样品批次数

（数据来源：农业农村部）

1. 乳蛋白

乳蛋白是乳的主要成分之一，是反映牛奶营养品质的指标，乳蛋白含量国家标准为≥ 2.8 g/100 g。

2021 年，农业农村部对 529 批次生鲜乳样品进行监测，乳蛋白含量平均值为 3.32 g/100 g，远高于国家标准（图 3-3）。其中，规模化牧场生鲜乳样品乳蛋白含量平均值为 3.34 g/100 g（图 3-4）。

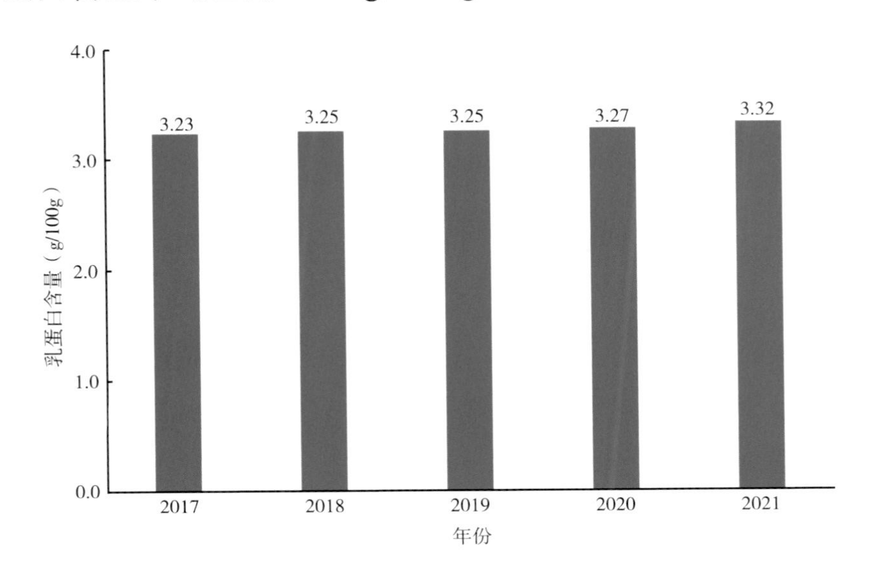

图 3-3　2017—2021 年全国生鲜乳样品中乳蛋白含量平均值

（数据来源：农业农村部）

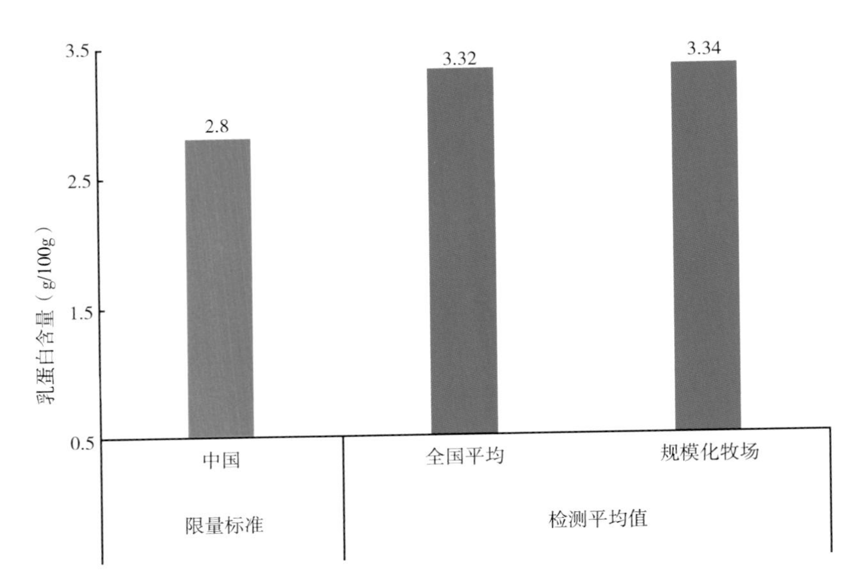

图 3-4　2021 年全国生鲜乳样品中乳蛋白含量与国家标准的比较

（数据来源：农业农村部）

2. 乳脂肪

乳脂肪是乳的主要成分之一，是反映牛奶营养品质的指标。乳脂肪含量国家标准为≥ 3.1 g/100 g。

2021 年，农业农村部对 529 批次生鲜乳样品进行监测，生鲜乳乳脂肪含量平均值为 3.83 g/100 g，远高于国家标准（图 3-5）。其中，规模化牧场生鲜乳样品乳脂肪含量平均值为 3.88 g/100 g（图 3-6）。

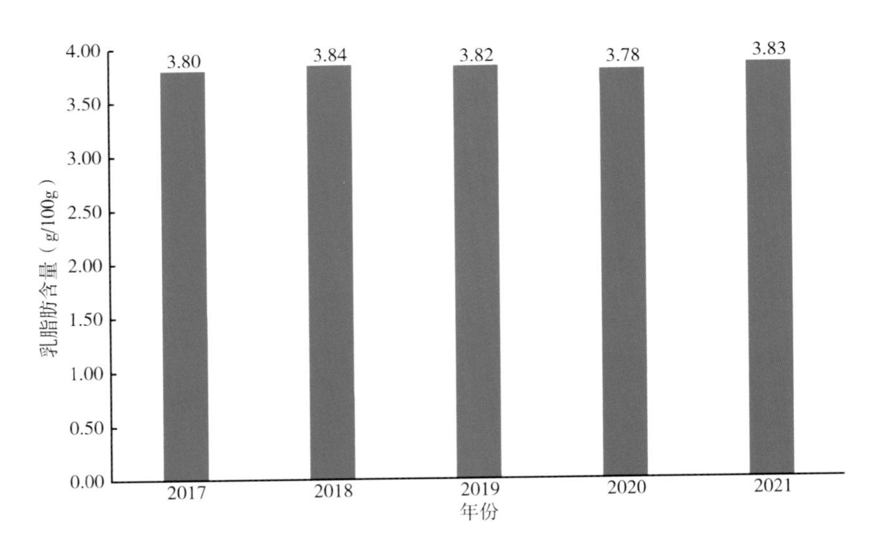

图 3-5　2017—2021 年全国生鲜乳样品中乳脂肪含量平均值

（数据来源：农业农村部）

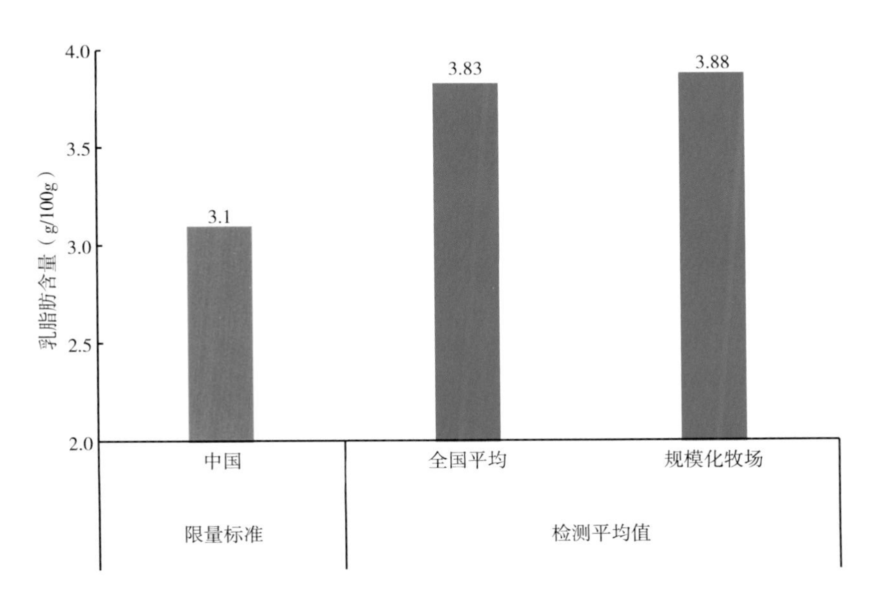

图 3-6　2021 年全国生鲜乳样品中乳脂肪含量与国家标准的比较

（数据来源：农业农村部）

3. 非脂乳固体

非脂乳固体是生鲜乳中除脂肪和水分外营养物质的总称，非脂乳固体含量国家标准为≥ 8.1 g/100 g。

2021 年，农业农村部对 529 批次生鲜乳样品进行监测，生鲜乳非脂乳固体含量平均值为 8.8 g/100 g，高于国家标准（图 3-7）。

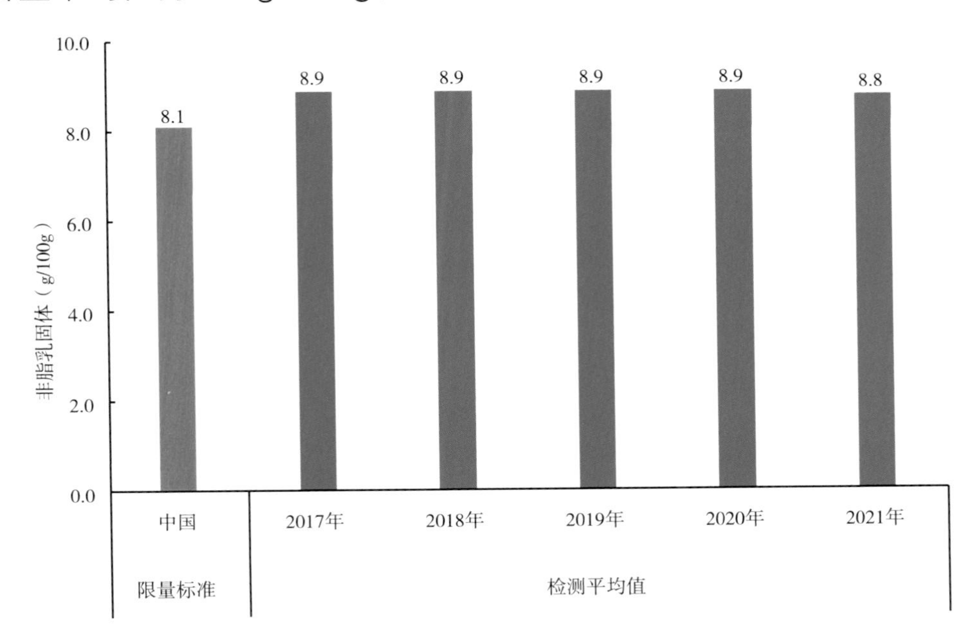

图 3-7　2017—2021 年全国生鲜乳样品中非脂乳固体含量与国家标准的比较

（数据来源：农业农村部）

4. 杂质度

杂质度是指生鲜乳中含有杂质的量，是衡量生鲜乳洁净度的重要指标，国家标准为≤ 4.0 mg/kg。

2021 年，农业农村部对 529 批次生鲜乳样品进行监测，杂质度均符合国家标准，全年抽检合格率为 100%。

5. 酸度

酸度是评价生鲜乳新鲜程度的指标。国家标准规定，生鲜乳酸度范围为 12 ～ 18°T。

2021 年，农业农村部对 529 批次生鲜乳样品进行监测，酸度平均值为 13.67°T，符合国家标准。

6. 相对密度

相对密度是反映生鲜乳是否掺水的重要指标，国家标准为≥ 1.027。

2021 年，农业农村部对 529 批次生鲜乳样品进行监测，生鲜乳相对密度平均值为 1.031，高于国家标准（图 3-8）。

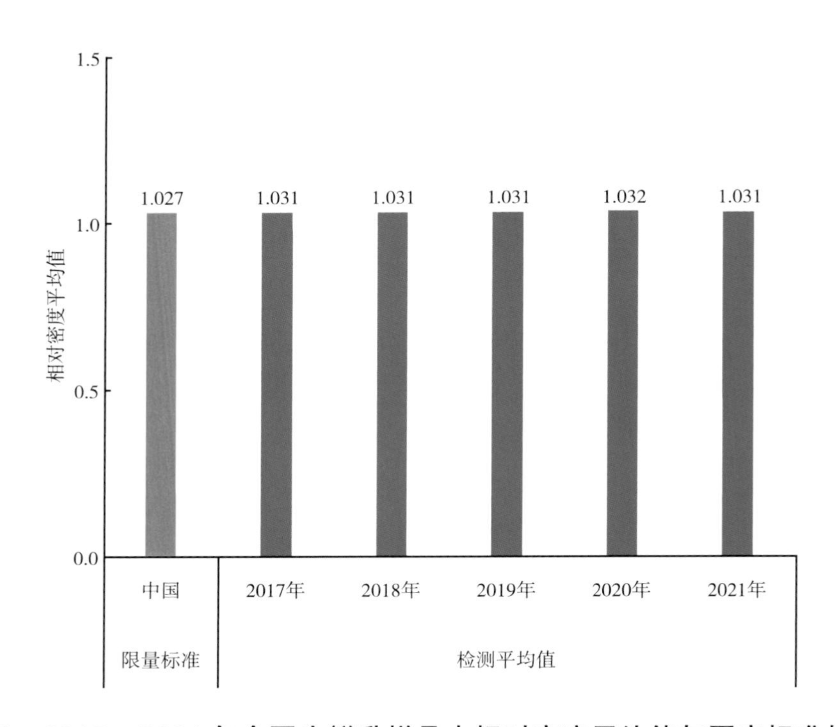

图 3-8　2017—2021 年全国生鲜乳样品中相对密度平均值与国家标准的比较

（数据来源：农业农村部）

7. 菌落总数

菌落总数是反映奶牛场卫生环境、挤奶操作环境、牛奶保存和运输状况的一项重要指标。菌落总数的国家标准为≤ 200 万 CFU/mL。

2021 年，农业农村部对 529 批次生鲜乳样品进行监测，生鲜乳中菌落总数平均值为 21.4 万 CFU/mL，远低于国家限量要求。其中，规模化牧场生鲜乳样品菌落总数平均值为 4.3 万 CFU/mL，低于全国平均水平（图 3–9，图 3–10）。

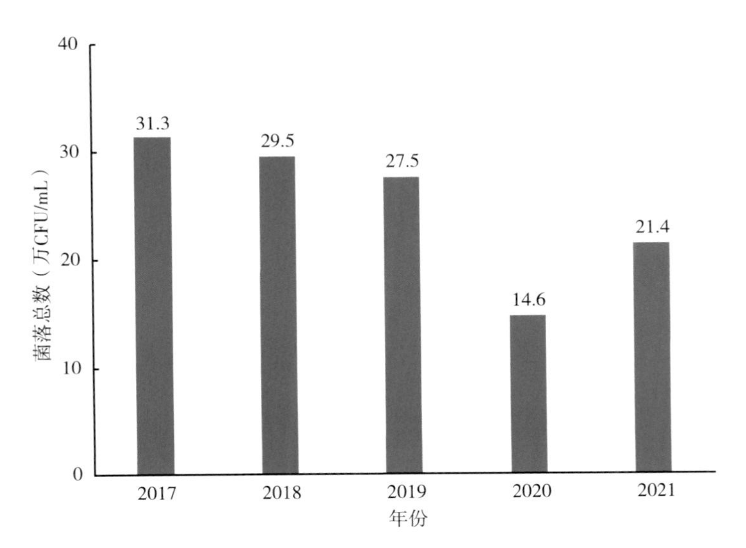

图 3–9　2017—2021 年全国生鲜乳样品中菌落总数平均值

（数据来源：农业农村部）

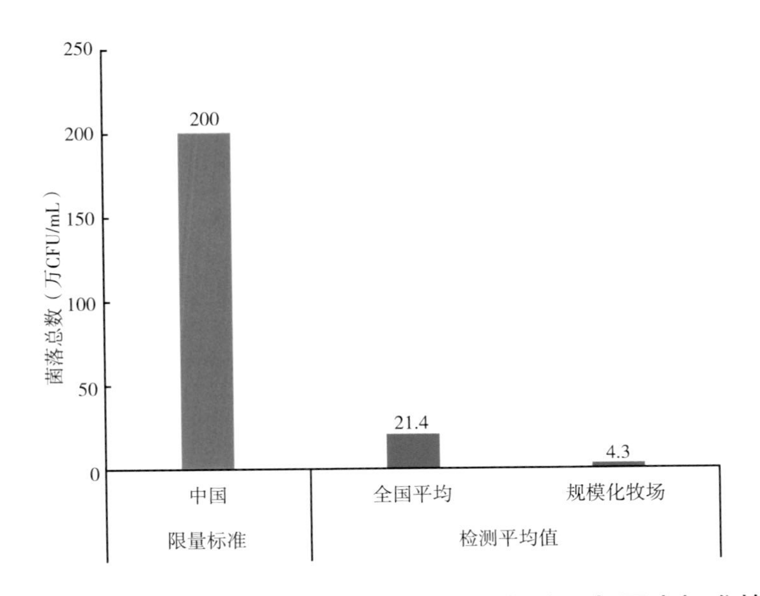

图 3–10　2021 年全国生鲜乳样品中菌落总数结果与国家标准的比较

（数据来源：农业农村部）

8. 体细胞数

体细胞数是衡量奶牛乳房健康状况和生鲜乳质量的一项重要指标。体细胞数越高，生鲜乳中致病菌和抗生素残留的污染风险越大，对乳品质量的影响也越大。欧盟和新西兰规定生鲜乳中体细胞数≤ 40 万个 /mL，美国规定生鲜乳中体细胞数≤ 75 万个 /mL（A 级、B 级奶），中国暂未规定。

2021 年，农业农村部对 529 批次生鲜乳样品进行监测，生鲜乳中体细胞数平均值为 24.9 万个 /mL，低于欧盟、新西兰和美国标准。其中，规模化牧场生鲜乳样品的体细胞数平均值 21.1 万个 /mL，低于全国平均水平（图 3-11）。

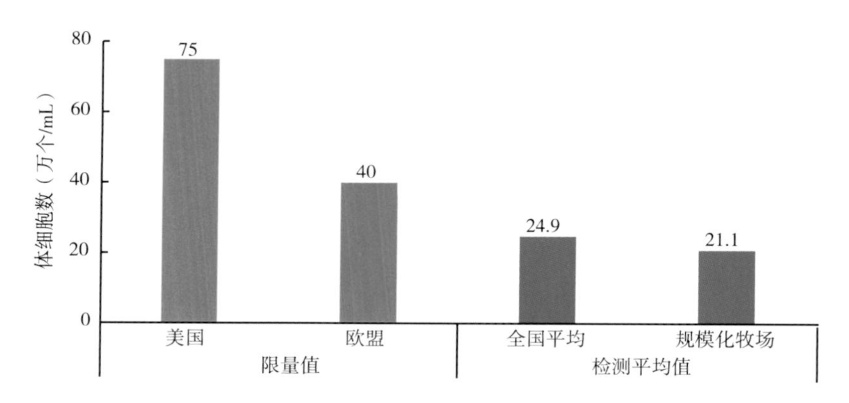

图 3-11　2021 年全国生鲜乳样品中体细胞数与美国、欧盟标准的比较

（数据来源：农业农村部）

9. 黄曲霉素 M_1

2021 年，农业农村部对 9 665 批次生鲜乳样品进行监测，黄曲霉素 M_1 检出样品的平均值为 0.065 μg/kg，远低于国家标准 0.5 μg/kg（图 3-12）。

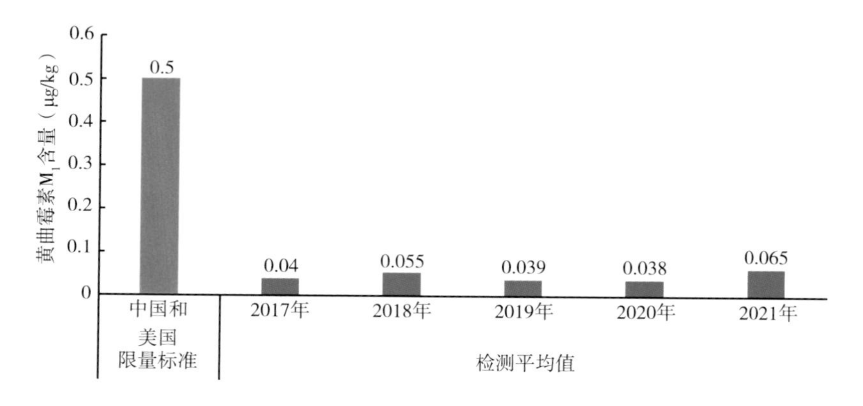

图 3-12　2017—2021 年检出样品中黄曲霉素 M_1 平均值与中国和美国标准的比较

（数据来源：农业农村部）

10. 铬

生鲜乳中铬的国家标准为≤ 0.3 mg/kg。2021 年，农业农村部共抽检 3 197 批次生鲜乳样品，生鲜乳中铬的合格率为 100%。

11. 汞

生鲜乳中汞的国家标准为≤ 0.01 mg/kg。2021 年，农业农村部共抽检 3 197 批次生鲜乳样品，生鲜乳中汞的合格率为 100%。

12. 砷

生鲜乳中砷的国家标准为≤ 0.1 mg/kg。2021 年，农业农村部共抽检 3 197 批次生鲜乳样品，生鲜乳中砷的合格率为 100%。

13. 铅

生鲜乳中铅的国家标准为≤ 0.05 mg/kg。2021 年，农业农村部共抽检 3 197 批次生鲜乳样品，生鲜乳中铅的合格率为 100%。

14. 三聚氰胺

生鲜乳中三聚氰胺的国家标准为≤ 2.5 mg/kg。2021 年，农业农村部共抽检 5 234 批次生鲜乳样品，三聚氰胺均为未检出，抽检合格率 100%。

（三）乳制品质量安全

1. 与国内其他食品比较

2021 年，国家市场监督管理总局完成国家食品安全监督抽检 6 954 438 批次，监督抽检不合格率 2.69%，与上年基本持平。其中，乳制品、婴幼儿配方乳粉抽检不合格率分别为 0.13%、0.12%（表 3-1）。

表3-1　2021年乳制品与食品抽检合格率比较

抽样	食品	乳制品	婴幼儿配方乳粉
不合格比例（%）	2.69	0.13	0.12

数据来源：国家市场监督管理总局。

2. 与进口乳制品比较

（1）安全指标检测结果比较

2015—2021 年，农业农村部奶及奶制品质量监督检验测试中心（北京）

（以下简称奶制品中心）通过市场随机抽样的方式，对我国大中城市销售的国产 209 个品牌 3 064 批次和进口 106 个品牌 450 批次样品进行安全指标的比较，检测指标包括黄曲霉素 M_1、农药残留、兽药残留和重金属等。

结果显示，国产奶与进口奶的黄曲霉素 M_1 含量均未超过我国、国际食品法典委员会、美国（≤ 0.50 μg/kg）及欧盟（≤ 0.05 μg/kg）的限量标准。国产奶与进口奶均未检出使用违禁兽药或兽药残留超限量标准的情况。国产奶与进口奶的重金属铅含量均低于我国限量标准。

（2）营养及质量指标检测结果比较

2019—2021 年，奶制品中心通过市场随机抽样的方式，共对国产 111 个品牌 2 720 批次和进口 67 个品牌 141 批次乳制品进行质量指标比较研究，指标包括乳铁蛋白、β-乳球蛋白和糠氨酸等。

乳铁蛋白。乳铁蛋白是具有营养和多功能性的生物活性蛋白质。研究结果表明，2019—2021 年，国产巴氏杀菌奶中乳铁蛋白含量平均值从 24.54 mg/L 上升至 46.69 mg/L，进口巴氏杀菌奶中乳铁蛋白含量平均值从 4.68 mg/L 上升至 7.90 mg/L（图 3-13）。

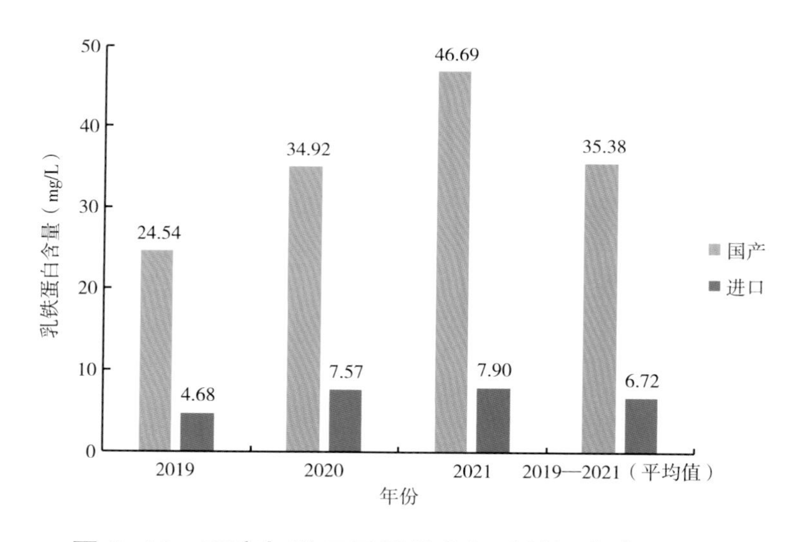

图 3-13　国产与进口巴氏杀菌奶乳铁蛋白含量比较

β-乳球蛋白。β-乳球蛋白是由乳腺上皮细胞合成的乳特有蛋白质，是牛奶中的重要活性因子。研究结果表明，2019—2021 年，国产巴氏杀菌奶中β-乳球蛋白含量持续上升，平均值从2 435.81 mg/L上升至2 997.74 mg/L，进口巴氏杀菌奶中β-乳球蛋白含量平均值从170.87 mg/L上升至587.99 mg/L。国产UHT奶中β-乳球蛋白含量持续上升，平均值从159.86 mg/L上升至170.14 mg/L，而进口UHT奶中β-乳球蛋白含量平均值从59.22 mg/L波动至59.45 mg/L（图3-14，图3-15）。

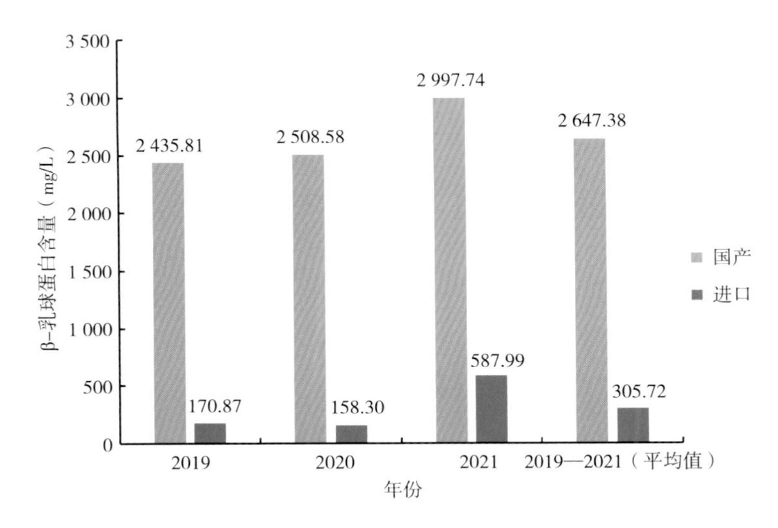

图3-14　国产与进口巴氏杀菌奶β-乳球蛋白含量比较

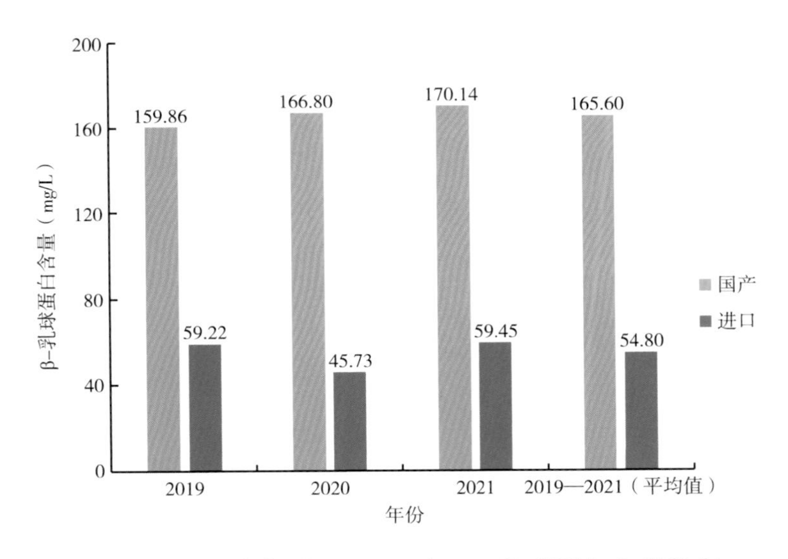

图3-15　国产与进口UHT奶β-乳球蛋白含量比较

糠氨酸。糠氨酸含量是反映牛奶热加工程度的一项敏感指标。糠氨酸含量过高，表明牛奶的受热程度高、保存时间长或者运输距离远。研究结果表明，

2019—2021 年，国产巴氏杀菌奶中糠氨酸含量平均值从 18.43 mg/100 g 蛋白质下降至 12.60 mg/100 g 蛋白质，进口巴氏杀菌奶中糠氨酸含量平均值从 60.29 mg/100 g 蛋白质下降至 45.17 mg/100 g 蛋白质。国产 UHT 奶中糠氨酸含量平均值从 199.41 mg/100 g 蛋白质下降至 124.23 mg/100 g 蛋白质，进口 UHT 奶中糠氨酸含量平均值亦呈现出下降趋势，从 277.39 mg/100 g 蛋白质下降至 183.06 mg/100 g 蛋白质。国产婴幼儿配方乳粉中糠氨酸含量平均值从 637.88 mg/100 g 蛋白质下降至 585.84 mg/100 g 蛋白质，进口婴幼儿配方乳粉中糠氨酸含量也略有下降，平均值从 671.08 mg/100 g 蛋白质下降至 662.73 mg/100 g 蛋白质（图 3–16 至图 3–18）。

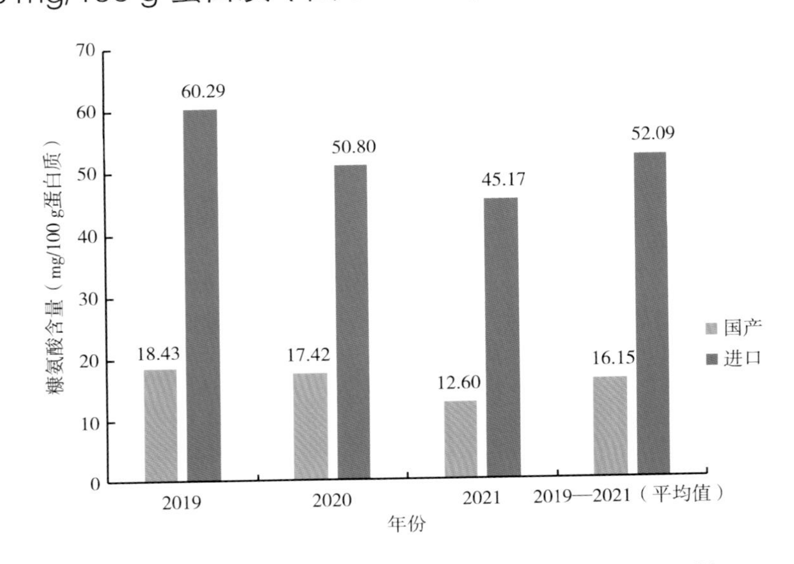

图 3–16　国产与进口巴氏杀菌奶糠氨酸含量比较

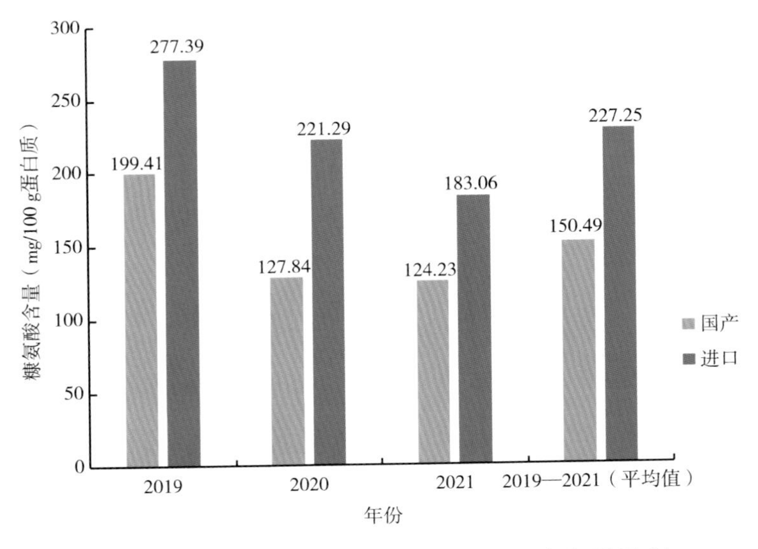

图 3–17　国产与进口 UHT 奶糠氨酸含量比较

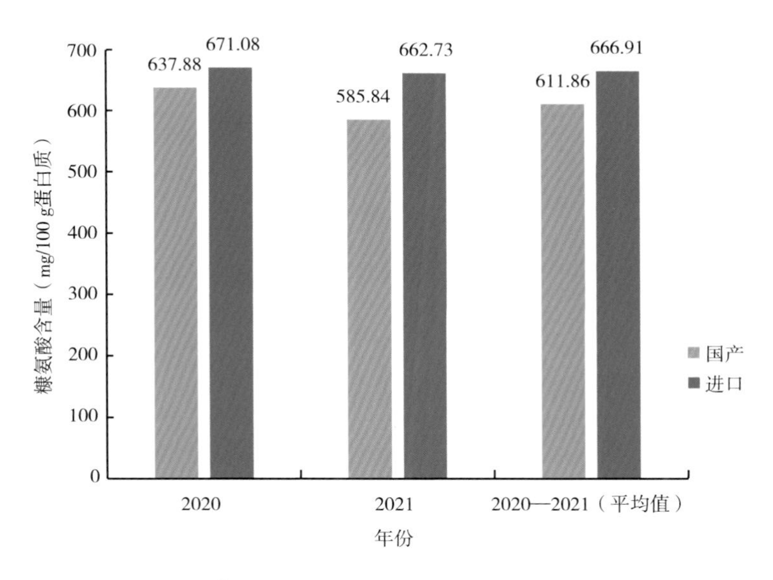

图 3-18 国产与进口婴幼儿配方乳粉赖氨酸含量比较

3. 进口乳制品未准入境情况

2021 年，全国各入境口岸从来自 19 个国家或地区的乳制品中检出未准入境产品共计 93 批，约 699.64 吨。主要未准入境的原因为品质不合格、证书不合格、货证不符等。所有未准入境的乳制品均已在口岸退运或销毁（表 3-2）。

表3-2 进口乳制品未准入境情况

项目	未准入境乳制品、国别及不合格批次
类型	干酪（33）、奶油（14）、乳清粉（11）、乳粉（8）、发酵乳（6）、乳基婴幼儿配方食品（3）、消毒乳（1）、其他乳及乳制品（17）
进口国家	大洋洲：新西兰（5）、澳大利亚（3） 欧　洲：法国（28）、荷兰（13）、意大利（6）、波兰（6）、德国（5）、瑞士（3）、丹麦（2）、白俄罗斯（2）、俄罗斯（1）、葡萄牙（1）、英国（1）、奥地利（1） 北美洲：美国（14） 亚　洲：越南（9）、哈萨克斯坦（2）、土耳其（2）、新加坡（1）

数据来源：海关总署。

（四）结论

2021 年监测结果表明，我国生鲜乳及奶产品质量安全风险可控，整体状况良好。

第一，生鲜乳中乳脂肪、乳蛋白等质量安全指标达到较高水平。监测结果表明，2017—2021 年，生鲜乳的乳脂肪和乳蛋白平均水平高于生乳国家标准，生鲜乳质量安全水平大幅提升。

第二，生鲜乳中各项安全指标达到标准。菌落总数、黄曲霉素 M_1、杂质度、酸度等监测平均值均符合国标限量标准，体细胞数平均值符合欧盟限量标准，我国奶牛养殖环境、奶牛健康状况良好，奶源优质安全。

第三，生鲜乳收购、运输行为规范。自婴幼儿奶粉事件以来，通过不断强化生鲜乳质量安全监管，有效遏制了违禁添加等违法行为，生鲜乳中不存在人为添加三聚氰胺等违禁添加物的现象。

第四，继续把婴幼儿配方乳粉作为食品安全监管的重中之重，综合施策从严管理，加大婴幼儿配方乳粉进口产品的监管力度，检测不合格乳制品严禁进入我国，并依法对未准入境产品做退货或销毁处理，保护消费者权益。

专栏三

转型升级，品质提升，构建现代奶业新格局

2021 年 4 月 23 日，中国奶业高质量发展推进会在河北唐山召开，时任农业农村部总畜牧师马有祥，原农业部副部长、中国奶业协会名誉会长高鸿宾出席会议。

会议指出，推进奶业高质量发展，必须加快推进行业结构调整和企业转型升级。近年来，中国奶业取得了巨大发展，但要实现奶业现代化，需要系统、科学、客观的评价体系。

会议强调，奶业振兴任务艰巨，要以新发展理念为指导，坚持把奶业作为农业现代化的排头兵，以国办奶业振兴意见为遵循，提升奶业整体素质，筑牢质量安全根基，密切农企利益联结，引导消费转型升级，力争到“十四五”时期末，奶源基地、产品加工、乳品质量和产业竞争力整体水平进入世界先进行列，奶业基本实现现代化。

四、中国奶业质量安全监管

2021 年，国务院有关部门全面落实《国务院办公厅关于推进奶业振兴保障乳品质量安全的意见》和《国务院办公厅关于促进畜牧业高质量发展的意见》，按照农业农村部等九部门《关于进一步促进奶业振兴的若干意见》的要求，加强协调配合，强化政策资金支持，协同推进奶业振兴各项重点工作。

（一）继续完善乳品法规标准

中国现行的奶业标准共有 200 多项，涵盖奶畜养殖、生鲜乳、乳制品、生产加工、质量控制以及检测方法等各个环节和领域，国内标准与国际通行标准的一致性逐步提高，乳品标准体系日趋完善，为规范乳品生产和质量控制提供了依据。2021 年，国家卫生健康委印发《食品安全国家标准　婴儿配方食品》《食品安全国家标准　较大婴儿配方食品》《食品安全国家标准　幼儿配方食品》3 项标准，并配套发布标准问答。组织修订《食品安全国家标准　生乳》《食品安全国家标准　巴氏杀菌乳》《食品安全国家标准　高温杀菌乳》《食品安全国家标准　灭菌乳》等乳品安全国家标准，按照食品安全国家标准制定修订工作程序稳妥推进。开展修订《乳制品生产许可审查细则》，进一步完善乳制品生产许可审查的条件及要求。

（二）严格监控乳品质量安全

一是连续第 13 年实施生鲜乳质量安全监测计划。采取专项监测、异地抽检、风险隐患排查等方式，共抽检 1.02 万批次生鲜乳样品。二是大力推进监管信息化、精准化。全面推行使用“奶业监管工作平台”，将全国 4 200 余个生鲜乳收购站和 5 300 余辆运输车，全部纳入监管监测信息系统，实时掌握奶站和运输车的运行变化情况；在河南、宁夏开展“生鲜乳收购站和运输车电子交接单”应用试点。三是继续开展生鲜乳专项整治行动。严查生鲜乳生产、收购、运输主体责任和监管责任落实，保持生鲜乳监管执法高压态势。据统计，全年各地累计出动执法人员 3.9 万人次，限期整改奶站 255 家、运输车 53 辆，取缔奶站 38 个、运输车 7 辆，吊销奶站 32 个，注销运输车 27 辆。四是加强乳制品质量安全监督抽检。2021 年生鲜乳、乳制品抽检合格率分别达到 99.90% 和 99.87%，依法监督企业下架召回不合格产品，督促企业查找不合格原因并进行整改，对违法违规行为进行严肃处罚。

（三）全过程严格监管婴幼儿配方乳粉

一是源头严格控制。继续落实“确保婴幼儿配方乳粉奶源安全六项措施”，从奶源基地建设、饲草料供应、奶源质量安全抽检、奶站和运输车监管、关键技术推广、政策扶持等六个方面确保婴幼儿配方乳粉奶源安全。二是过程严格管理。指导各省级市场监管部门建立婴幼儿配方乳粉生产企业体系检查常态化机制，每年完成对辖区婴幼儿配方乳粉生产企业全覆盖的体系检查，重点检查企业生产质量管理体系建立运行、食品安全管理制度落实等情况。三是强化监督抽检。组织开展婴幼儿配方乳粉“月月抽检”。每月对已获婴幼儿配方乳粉配方注册且在产、在售的国产和进口婴幼儿配方乳粉生产企业进行抽检，检验项目覆盖所有相关食品安全国家标准。在全国范围内开展乳制品监督抽检，重点加大对既往发现的不合格检验项目和不合格食品企业的抽检力度。四是加大处罚力度。对监督抽检发现的不合格产品及其企业，立即责令企业下架召回、停产整改。

（四）不断提高奶牛养殖竞争力

一是继续大力推动奶牛标准化规模养殖。开展奶牛养殖标准化示范创建，支持 1 275 个奶牛养殖场改扩建、小区牧场化转型和家庭牧场发展。在支持奶牛养殖大县的基础上，支持非大县奶牛养殖场开展畜禽粪污处理利用工作，提升奶牛养殖的粪污资源化利用能力。二是加强奶牛良种繁育体系建设。推进落实奶牛遗传改良计划，继续实施优质奶牛种公牛培育技术应用示范项目。三是持续开展奶牛生产性能测定工作。对 1 309 个奶牛场的 147.9 万头奶牛开展奶牛生产性能测定，推动提高饲养管理和育种选育水平。四是继续实施粮改饲和振兴奶业苜蓿发展行动。落实中央财政资金 6.24 亿元，推动 87 万亩优质苜蓿基地建设，开展苜蓿青贮饲喂推广和粗饲料本地化开发利用，助推提升奶牛生产效率和生鲜乳质量安全水平，2021 年全国优质商品苜蓿种植面积超过 730 万亩。

（五）大力提升乳品企业竞争力

一是优化乳制品产品结构。引导企业积极研发乳制品生产新工艺、新技术，因地制宜发展适合不同消费者需求的特色乳制品和功能性产品，提升产品价值链；推动发展奶酪等符合新的消费趋势的干乳制品。二是继续推动乳品企业特别是婴幼儿配方乳粉企业兼并重组。总结交流各地区和典型企业的好做法和经验，督促重点地区加快落实兼并重组实施方案。三是提升乳品企业质量安全保障水平。督促企业定期开展自查，实施从配方研发、原料查验、生产管控、出厂检验到销售的全过程管控，切实防控食品安全风险隐患。鼓励企业全面实施良好生产规范、危害分析与关键控制点体系等生产质量管理体系。

（六）提升奶业消费宣传

召开第七届中国奶业 20 强（D20）峰会，展示 D20 企业的品牌建设成就。开展 D20 企业牛奶公益捐赠活动，向中小学生及抗疫抗灾人员捐赠价值超过 4 815 万元的乳制品。举办 2021 中国奶酪发展高峰论坛，科普奶酪消费知识。组织制作《推进奶业高质量发展科普动漫：一起玩转休闲观光牧场》视频，并通过新华网等媒体发布。发布《中国奶业质量报告（2021）》，多维度普及乳品知识，全方位展示奶业质量安全情况。

专栏四

加强政策引领，综合提升奶业竞争力

2022 年 2 月 16 日，农业农村部印发《“十四五”奶业竞争力提升行动方案》（以下简称《行动方案》）。《行动方案》针对奶业存在的突出问题和薄弱环节，部署了奶业生产能力提升整县推进、奶农养加一体化试点、生鲜乳质量检验检测第三方试点、乳品多样化和本土化消费提升等 4 项重点任务。《行动方案》综合统筹奶业主产区和潜力区发展，引导行业降低养殖成本、完善利益联结、优化产品结构、促进乳品消费，提高国产乳品供应保障能力和质量、效益水平，提升奶业市场竞争力，促进奶业高质量发展。

为配合《行动方案》实施，2022 年 6 月 6 日，农业农村部办公厅、财政部办公厅联合印发《关于实施奶业生产能力提升整县推进项目的通知》，在“十四五”期间，每年安排 10 亿元中央财政资金，累计支持 100 个奶牛养殖大县整县推进草畜配套、现代智慧牛场建设、奶业产地消费新模式探索，促进一二三产业融合，进一步提升饲草料供应水平和养殖设施装备水平，提高奶业生产效率和奶农自我发展能力，完善区域化全产业链奶业生产经营模式，增强奶源供给保障能力。

五、2022 年中国奶业质量安全工作重点

2022年是奶业振兴的关键之年，落实国办奶业振兴意见，实施《“十四五”奶业竞争力提升行动》，推动解决产业发展中的实际问题，各相关部门、各地特别是奶业主产省抓好落实，补短板、强弱项，合力推进奶业振兴。

（一）严格乳品质量安全监管

加强乳品质量安全监管能力建设，提升基层监管水平。开展奶牛绿色健康养殖行动，强化源头治理，严格奶牛养殖环节饲料、兽药等投入品使用和监管。加强对奶牛养殖、生鲜乳运输等重点环节监管；继续实施生鲜乳质量安全监测计划，继续开展生鲜乳专项整治和检查，严格落实生鲜乳运输交接制度。加强国家级乳品质量检测能力建设，探索生鲜乳第三方检测。完善监管监测信息系统，全面推行使用“奶业监管工作平台”，将生鲜乳收购站、运输车全部纳入监管，实现信息共享。引导奶牛养殖户将生鲜乳交售到合法的生鲜乳收购站，督促乳企落实主体责任，拒收奶贩及来源不明的奶源。

（二）加强婴幼儿配方乳粉监管

继续强化婴幼儿配方乳粉产品配方注册管理，保障配方的科学性、安全性。继续加大监管力度，开展婴幼儿配方乳粉奶源质量安全监测，实施月月全项目抽检制度，确保婴幼儿配方乳粉奶源安全六项措施落实到位，对不合格产品及时公布，督促婴幼儿配方乳粉生产企业切实落实食品安全主体责任。倡导企业以生鲜乳为原料生产婴幼儿配方乳粉，支持企业建设自有奶源基地，提升婴幼儿配方乳粉生产企业的奶源供给和质量安全控制能力。继续开展婴幼儿配方乳粉质量安全追溯体系建设试点，引导更多骨干企业纳入试点范围。

（三）强化优质奶源基地建设

启动实施奶业生产能力提升整县推进项目。遴选50个奶业大县，推进农区种养结合，探索完善牧区半舍饲模式，推动农牧交错带种草养畜；支持家庭牧场、奶农合作社等适度规模养殖主体开展“智慧牧场”建设，对奶牛养殖关键环节设施设备升级改造。继续实施奶牛生产性能测定和振兴奶业苜蓿发展行动，提高优质饲草料供应能力。组织实施“奶牛金钥匙”技术培训，提升精细化饲养管理水平。

（四）推动乳制品加工业发展

推动乳制品工业产业政策修订，研究放宽对乳制品加工布局的半径和日处理能力等限制。继续推进奶农发展乳制品加工试点。加强新产品研发，大力发展低温乳制品，增加奶酪、黄油等干乳制品生产，不断优化乳制品产品结构，提升乳制品品质，形成差异化竞争。加强新产品研发，研发生产适合不同消费群体的乳制品，避免过度包装，提高国产乳制品竞争力；鼓励企业开展奶酪加工技术攻关，加快奶酪生产工艺和设备升级改造，提高乳清、乳糖等奶酪副产品加工利用水平。

（五）加强奶业宣传引导

加大奶业公益宣传力度，普及巴氏杀菌乳、灭菌乳、奶酪等乳制品的营养知识，提升广大群众对乳制品的认知度和信任度，培育多样化、本土化的消费习惯。加大学生饮用奶计划宣传推广力度，继续实施小康牛奶行动，培育扩大乳制品消费群体，引导增加乳制品消费。完善 D20 联盟运行机制，丰富 D20 峰会内容，推进 D20 企业间的大联合、大协作，合力打造中国奶业大品牌。支持奶牛休闲观光牧场发展，鼓励消费者走进奶牛养殖场和乳品加工厂，切身体验国产牛奶安全生产的全过程，推动一二三产业融合发展。

专栏五

拼搏进取的中国奶业 D20

中国 D20 企业联盟简介

D20 是指中国奶业 20 强企业，D 是 Dairy（奶业）的首字母。2015 年中国奶业协会根据乳品企业品质和口碑、品牌影响力、奶源基地建设、自建牧场奶牛存栏、生鲜乳收购量、销售额等指标，在全国 600 多家乳品企业中评选出综合排名前 20 的企业，每三年进行一次调整。

在中国奶业协会推动下，成立了中国 D20 企业联盟，联盟秘书处设在中国奶业协会，负责中国 D20 企业联盟日常工作和 D20 峰会的组织工作。2015 年 8 月 18 日，在北京钓鱼台国宾馆召开首届峰会，国务院副总理汪洋出席峰会并致辞。2016 年、2017 年、2018 年、2019 年、2020 年和 2021 年先后在河北石家庄、黑龙江齐齐哈尔、内蒙古呼伦贝尔、上海、河北石家庄、安徽合肥召开第二至第七届峰会，国务院副总理胡春华出席第四届峰会。

D20 企业奶源质量优良

2021 年，农业农村部抽检 D20 企业的生鲜乳样品 6 416 批次，占全国抽检总量的 62.8%。

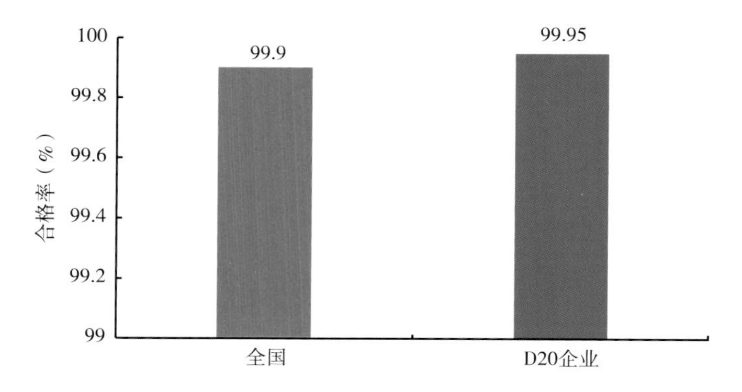

全国及 D20 企业生鲜乳监测合格率情况

（数据来源：农业农村部）